Freiberuflicher Softwareentwickler - aber wie?

Dieses E-Book erscheint im Selbstverlag. Ina Doering, IT Beratung, Mittlere Bergstraße 37 A, 01445 Radebeul.

Inhaltsverzeichnis

Freiberuflicher Softwareentwickler - aber wie? 1
- **Vorwort 9**
- **Dein Wissen - das sucht der Auftraggeber 10**
  - Der Softskill 10
  - Der Skill 11
  - Die ersten Erfahrungen 11
  - Das erste Marketing 11
- **Dein Skill - das braucht der Auftraggeber 12**
  - App Entwickler 12
  - AUTOSAR Entwickler 12
  - C/C++ Entwickler 12
  - C# Entwickler 12
  - Embedded Softwareentwickler 12
  - Java Entwickler 13
  - Javascript Entwickler 13
  - Matlab Entwickler 13
  - Oracle Entwickler 13
  - PL/1 Entwickler 13
  - SAP Entwickler 14
  - SAS Entwickler 14
  - SPS Entwickler 14
  - Webentwickler, Frontend-/Backend-Entwickler, Fullstack-Entwickler 14
- **Dein Job - so wirst du gefunden 15**
  - Auftragsbörsen 15
  - Personalvermittlung 15
  - Unternehmen 15

Dein Auftraggeber - so verhältst du dich im Unternehmen 16
Deine Chancen - so entwickelst du dich weiter 18
Deine Buchhaltung - so bist du auf der sicheren Seite 19
Deine Berufshaftpflicht - so sicherst du dich ab 20
Deine Rentenversicherung - so sorgst du für die Zukunft vor 21
Dein Home-Office - so arbeitest du 22
Fachbegriffe **23**

    .NET-Framework 23

    ABAP 23

    AJAX 23

    AMQP 24

    Android 24

    AngularJS 24

    Apache Ant 24

    Apache Cassandra 25

    Apache Cordova 25

    Apache CXF 25

    Apache Hadoop 25

    Apache HTTP Server 26

    Apache Maven 26

    Apache Solr 26

    Apache Subversion 26

    API 27

    ArchiveLink 27

    Assembler 28

    AUTOSAR 28

    AWS 28

Backend 29
Bamboo 29
Bash 29
BPEL 29
C   30
C++ 30
C# 30
Chipkarte 30
CI   31
Clean Code 31
Cloud Computing 31
Computersimulation 31
Confluence 32
Cross-Compiler 32
CSS 32
CSS-Präprozessor 32
CVS 33
DB2 33
Docker 33
Dojo Toolkit 33
Eclipse 34
eCommerce 34
ElasticSearch 34
Embedded Software Engineering 34
Emulator 35
Framework 35
Frontend 35
Fullstack 35

Git 36
Graphite 36
Grunt 36
HTML 36
IBM Websphere Application Server 37
IDE 38
Apple iOS 38
IT-Sicherheit 38
J2EE 38
Jasmine 39
Java 39
JavaScript 39
JDK 39
Jenkins 40
Jira 40
JPA 40
jQuery 40
JSON 41
JSP 41
JUnit 41
Kanban 41
LAMP 42
Linux 42
Macro 43
MATLAB 43
MediaWiki 43
Microcontroller 43
Microservices 44

Microsoft Azure 44
Microsoft IIS 44
Microsoft Visual Studio 44
Mobile App 45
Mockito 45
MooTools 45
MongoDB 45
MVC 45
MySQL 46
Nagios 46
nginx 46
NoSQL 46
Objektorientierung 46
Objective-C 47
OOAD 47
Oracle ADF 47
Oracle Forms 47
Oracle JDeveloper 48
Perl48
PHP 48
PL/1 48
PL/SQL 49
PostgreSQL 49
Prototyping 49
Puppet 49
Python 49
Red Hat Linux 50
Responsive Webdesign 50

REST 50
Ruby 50
SaaS 50
SAP Interactive Forms by Adobe 51
Scrum 52
Selenium 52
SEM 52
SEO 53
SOAP 53
Social Media 53
Softwarearchitektur 53
Software Engineering 54
Spring 54
SQL 54
SVN 54
Swift 54
Tcl 55
UML 55
Unit-Test 55
UNIX 55
Varnish 55
XML 56
XSD 56
Zend Framework 56
Agenturen 57

Vorwort

Seit 1990 bin ich als Dipl.-Ing. Informatik selbständig und freiberuflich im IT-Bereich tätig. In unzähligen Projekten konnte ich als Softwareentwickler unterstützen, in einigen als IT Berater.

Die vielfältigen Anforderungen der Auftraggeber kenne ich. Die angestellten Kolleginnen und Kollegen schauen oft mit Neid auf uns. Der Bedarf an Softwareentwicklern ist groß und wächst ständig. Uns umgibt ein Hauch von Freiheit, Hochintelligenz, aber manchmal auch von 24-h-Arbeit.

Ich möchte, dass die Softwareentwickler von Heute besser vorbereitet ihrer schönen Arbeit nachgehen, als ich es in den Anfangsjahren des Internet konnte. Da ich diesen Leitfaden an freiberufliche Kolleginnen und Kollegen richte, habe ich mich für das persönlichere "du" in der Ansprache entschieden.

Wenn du spezielle Fragen oder Anregungen hast, bitte schreibe mir unter ina_doering@web.de.

Dein Wissen - das sucht der Auftraggeber

Die IT-Branche wächst weiter. Und gerade Softwareentwickler werden von immer mehr Unternehmen gesucht. Wenn du einen Abschluss als Diplom-Informatiker, Wirtschaftsinformatiker oder Fachinformatiker besitzt, erfüllst du bereits einige Erwartungen des Auftraggebers. Jedoch auch Quereinsteiger aus anderen Berufen haben als Softwareentwickler gute Chancen - vorausgesetzt, sie weisen entsprechende Erfahrungen nach.

Der Softskill

Folgende Softskills braucht der Auftraggeber:

1. hohe Allgemeinbildung,
2. höfliche Umgangsformen,
3. logisches Denken,
4. Motivation,
5. Lernbereitschaft,
6. Verantwortungsbewußtsein,
7. Zuverlässigkeit,
8. Teamfähigkeit,
9. Flexibilität,
10. Sprachkenntnisse, insbesondere Deutsch und Englisch.

Der Skill

Das Fachwissen der gesuchten Softwareentwickler ist so bunt zusammengewürfelt wie die Artenvielfalt in der Natur. Trotzdem lassen sich diese Skills zum Teil gruppieren. Darüber hinaus gibt es jedoch auch ganz spezielle Anforderungen, die tiefgehendes Wissen und mehrjährige Erfahrungen voraussetzen. Im folgenden Kapitel werden eine Vielzahl von Skills näher betrachtet. Der Auftraggeber braucht in den meisten Fällen "die eierlegende Wollmilchsau". Und dafür möchte er in der Projekthistorie nachgewiesene Erfahrungen sehen. Noch besser ist es, du kannst diese noch mit Zertifikaten und Referenzen hinterlegen.

Die ersten Erfahrungen

Nahezu alle Auftraggeber erwarten bereits vorhandene Erfahrungen in der Profilhistorie. Deshalb liste alle Projekte, die du in der Schule, in der Lehre, im Studium, im Praktikum, für Freunde oder für dich selbst umgesetzt hast, auf. Eine Internetadresse für das Projekt bringt dir weitere Pluspunkte.

Das erste Marketing

Als Softwareentwickler auf dem freien Markt brauchst du ein Profil, in dem alle deine Kenntnisse und Erfahrungen aufgelistet sind. Dieses Profil sollte in deinem Computer im .doc- und im .pdf-Format vorliegen und ständig aktualisiert werden. Eine eigene Homepage mit allen diesen Dokumenten erwartet der Auftraggeber jedoch ebenfalls. Dazu solltest du jederzeit Visitenkarten mit Handynummer, Faxnummer, Email und Webadresse mitführen.

Dein Skill - das braucht der Auftraggeber

App Entwickler

Android, Apache Cordova, App, C, C++, C#, iOS, IT-Sicherheit, Javascript, jQuery, JSON, Kanban, Objective-C, React Native, REST, Scrum, Software-Architektur

AUTOSAR Entwickler

AUTOSAR, Linux

C/C++ Entwickler

C, C++, Embedded Softwareentwicklung, Linux, objektorientiert, QML, Scrum

C# Entwickler

C#, Clean Code, Embedded Softwareentwicklung, HTML, CSS, Javascript, Microsoft Visual Studio, OOD, Softwarearchitektur, SQL, UML, WCF

Embedded Softwareentwickler

.NET-Framework, Assembler, C, C++, Chipkarten, Cross-Compiler, Embedded Softwareentwicklung, Emulator, Java, Microcontroller, Microsoft Visual Studio, Perl, Python, Simulator

Java Entwickler

AJAX, AMQP, AngularJS, Apache Ant, Apache CXF, Apache Maven, Apache Solr, AWS, Azure, Backend, Bamboo, BPEL, Cassandra, CD, CI, Cloud, Confluence, CSS, CVS, DB2, Delivery, Docker, Dropwizard, Eclipse, ElasticSearch, EMF, Frontend, Git Sourcenverwaltung, Hadoop, Hamcrest, HTML, IBM Websphere Application Server, IDE, Java, Javascript, JDK, JEE, Jersey, JIRA, JPA, JSON, Junit, Kanban, Linux, Microservice, Microsoft Server, Mockito, MongoDB, MySQL-Datenbank, MVC, OOA, OOD, Oracle ADF, Oracle Jdeveloper, Oracle WebLogic Server, OSGI, REST, RM, SaaS, SCM, SCRUM, SOAP, Softwarearchitektur, Software-Engineering, Spring, Spring Cloud, Spring Tool Suite, SQL, Subversion, Swift, UML, Unit-Test, XML, XSD

Javascript Entwickler

AngularJS, CSS, HTML, Javascript, Responsive, Scrum

Matlab Entwickler

Java, Matlab

Oracle Entwickler

IBM WebLogic Server, Oracle Forms, PL/SQL, Red Hat, SQL, UNIX

PL/1 Entwickler

DB2, PL/1

SAP Entwickler

ABAP, ADK, Adobe Interactive Forms, ArchiveLink, Java, Javascript, Neptune, objektorientiert, SAP

SAS Entwickler

Graph, Macro, ODS, Proc Report, Proc SQL, SAS, TLF

SPS Entwickler

B&R, SPS

Webentwickler, Frontend-/Backend-Entwickler, Fullstack-Entwickler

.NET, AJAX, Apache, API, Backend, Bash, Cross-Browser, CSS, CSS-Präprozessor, CSS-Transitions, Docker, Dojo, eCommerce, ElasticSearch, Framework, Frontend, Fullstack, GIT, Graphite, Grunt, HTML, Icinga, IIS, J2E, Jasmine, Java, Javascript, Jenkins, jQuery, JSON, JSP, JSS, LAMP, Linux, MediaWiki, Mesos, MooTools, MySQL, Nagios, Nginx, NoSQL, PHP, Performanceoptimierung, Perl, PostgreSQL, Puppet, Python, Rapid Prototyping, REST, Rspec, Ruby, Selenium, SEM, SEO, SOAP, Social Media, SQL, SVN, Tcl, Traffic, UnitTest, Unix, Varnish, Windows Server, ZEND Framework

Dein Job - so wirst du gefunden

Auftragsbörsen

Im Internet findest du mehrere Auftragsbörsen, speziell für freiberufliche Softwareentwickler. Du registrierst dich und füllst dein Profil sorgfältig aus. Diese Informationen sind eine wichtige Grundlage dafür, dass du von Auftraggebern gefunden wirst. Natürlich nutzt du diese Auftragsbörsen auch dafür, selbst nach einem Projekt zu suchen. Für deine Suche kannst du dir in den meisten Fällen auch einen Newsletter einrichten.

Personalvermittlung

Viele Personalvermittler suchen gezielt nach speziellen Profilen. Hinterlege im Internet oder per Email dein Profil. Daraufhin erhältst du telefonische Anfragen und Anfragen per Mail. Aktualisiere auch diese Profile ständig.

Unternehmen

Besonders kleine und mittlere Unternehmen arbeiten gern bei Bedarf mit einem freien Softwareentwickler zusammen. Dabei handelt es sich vor allem um Druckhäuser, Verlage, Medien, Softwarehersteller, Werbeagenturen und Marketingagenturen - ja, sogar Weiterbildungseinrichtungen. Akquiriere geeignete Auftraggeber in deiner unmittelbaren Umgebung. Stelle dich und deine Fähigkeiten persönlich vor.

Dein Auftraggeber - so verhältst du dich im Unternehmen

Du hast einen Projektauftrag bekommen? Glückwunsch! Jetzt sichere deinen Auftrag ab, damit dein Vertrag nach Möglichkeit verlängert wird!

Im Unternehmen erwartet dein Auftraggeber folgendes von dir:

1. Du bist ein Gast des Unternehmens. Verhalte dich entsprechend!
2. Wenn du einen Vorschlag für die Verbesserung des Projektablaufes hast, dann äußere dich im Meeting oder sprich den Projektleiter daraufhin an. Ansonsten halte dich mit Vorschlägen zurück!
3. Wird deine Arbeit kritisiert oder auf den Prüfstand gestellt, dann bleibe unbedingt ruhig und sachlich. Nimm den Vorwurf bzw. Verdacht ernst und trage persönlich zu dessen Klärung bei.
4. Wieviel du arbeitest oder wie schnell ... orientiere dich an den anderen Teammitgliedern! Bleibe ein Teamworker, der andere unterstützt und sich selbst nicht in den Vordergrund drängt.
5. Arbeitest du als einziger Freelancer mit fest angestellten Mitarbeitern zusammen, dann halte dich besonders zurück. Sehe dich in einer Gastrolle, engagiere dich nicht zu sehr und begegne den Kolleginnen und Kollegen jederzeit mit Achtung und Respekt.
6. Siehst du dich als Einzelner in einer Beraterrolle, erkundige dich ganz genau, was von dir erwartet wird, bevor du Ratschläge erteilst! Sprich weniger in der Ich-Form, und schon gar nicht in der Du-Form, sondern zeige einzig und allein Möglichkeiten auf und wäge diese mit ihren Vor- und Nachteilen gegeneinander ab. Sehr wahrscheinlich können unternehmensinterne Entscheider besser als du beurteilen, welche dieser Möglichkeiten im Augenblick die richtige ist.

7. Bleibe in Honorar-Nachverhandlungen standhaft. Lass dir einen kleinen Spielraum, aber verschenke dich nicht. Wenn das Unternehmen dich braucht, dann wird es auf deine Forderungen eingehen. Bleibe nach Möglichkeit in der Position der Stärke! Sei dankbar, wenn du einmal keinen Auftrag hast. Diese freie Zeit kannst du für eine Weiterbildung oder autodidaktisches Lernen, eigene Programme und Projekte nutzen.

8. Orientiere dich in der Kleiderordnung an deinen Kolleginnen und Kollegen! Businesskleidung ist im Zweifelsfall immer die beste Wahl. Versuche jedoch auch hier, nicht aufzufallen.

Deine Chancen - so entwickelst du dich weiter

Die ständig wachsende IT-Branche gibt dir wie kaum eine andere die Chance, dich ständig weiter zu entwickeln, dir deine eigene Wissensmatrix und damit ein großes Kapital aufzubauen. Nutze diese Möglichkeit für dich!

Als freiberuflicher Softwareentwickler kannst du dich

1. autodidaktisch,
2. als Praktikant,
3. während deiner Projektmitarbeit,
4. im Fernstudium und
5. im Rahmen von Weiterbildungsveranstaltungen

fortbilden.

Wann immer du Zeit und Kraft dafür hast - lerne! Du vermehrst darüber dein Wissen, so wie andere ihr Geld in Immobilien oder Unternehmen investieren. Und dabei verfügst du über einen entscheidenden Vorteil: Dein Kapital wächst ständig. Wo und wie kannst du eine bessere Investition tätigen?

Deine Buchhaltung - so bist du auf der sicheren Seite

Das Finanzamt ist streng, und schnell können die Mahngebühren das Einkommen übersteigen. Hinzu kommt die Kontopfändung. Und was bleibt, ist der Selbstbehalt.

Lass es nicht so weit kommen! Lebe sparsam, besonders im ersten Jahr! Lege die Umsatzsteuer Monat für Monat gleich beiseite - am besten auf eine Sparcard, die Kreditkarte oder ein spezielles Konto. Bleibt nach der Einkommensteuer etwas übrig, kannst du immer noch investieren oder dir ein neues Auto kaufen.

Zu Beginn deiner Karriere solltest du dir ein altes Auto zulegen, das spritsparend fährt und relativ wartungsarm ist. Jahr für Jahr - ein gutes Geschäftsergebnis vorausgesetzt - kannst du dir dann ein etwas neueres Modell leisten. Hältst du dich an diese Regel, erwerbe das Auto privat und zahle dir für jeden geschäftlichen Kilometer 0,30 EUR.

Vergiß nicht, die gültige Verpflegungspauschale zu nutzen, wenn du unterwegs zum oder beim Auftraggeber bist. Versuche ansonsten, nur höchstens 1/3 deiner Nettoeinnahmen geschäftlich wieder auszugeben. Dann profitierst du von diesem Pauschalsatz in der Steuererklärung. Möchtest du, vor allem in den ersten Jahren, mehr geschäftliche Ausgaben generieren, dann ziehe unbedingt einen Steuerberater hinzu. Lerne von ihm!

Führe deine Buchhaltung regelmäßig, mindestens jedoch einmal monatlich.

Deine Berufshaftpflicht - so sicherst du dich ab

Die Berufshaftpflicht ist für einen freiberuflichen Softwareentwickler nicht Pflicht. Aber besser ist es, du schließt eine ab. In manchen Projekt- oder Werksverträgen ist eine Berufshaftpflicht Voraussetzung.

Du kannst dir deine Berufshaftpflicht so zusammenstellen, wie du sie brauchst oder haben möchtest. Schau dir deshalb genau an, welche Grund- und Zusatzmodule die Versicherungen anbieten. Den einmal abgeschlossenen Vertrag kannst du einmal jährlich anpassen.

Im freien Wettbewerb wirst du mit einer Berufshaftpflicht von den Auftraggebern vielleicht noch ein wenig besser wahrgenommen.

Deine Rentenversicherung - so sorgst du für die Zukunft vor

Mit Beginn deiner Freiberuflichkeit bist du aus der Rentenversicherungspflicht entlassen. Wenn du es dir leisten kannst, dann zahle einmal monatlich einen festen Betrag freiwillig in die Gesetzliche Rentenversicherung ein. Bleibt am Ende des Jahres, nach der Einkommensteuer, noch so viel übrig, dass du weitere Einzahlungen in die Gesetzliche Rentenkasse vornehmen kannst, dann tue Folgendes in dieser Reihenfolge:

1. erhöhe ab sofort deine monatlichen Rentenversicherungsbeiträge um den Betrag x und
2. zahle einen einmaligen Jahresbeitrag für das vergangene Jahr nach.

Am besten ist es, du rechnest dir schon einmal aus, wieviel Rente du später einmal vom Staat bekommen möchtest. Wende dich dann an eine Rentenberatungsstelle und lass dir Empfehlungen geben, wie deine Beiträge bis dahin gestaltet werden können.

Darüber hinaus steht es dir natürlich frei, zusätzlich eine private Rentenversicherung abzuschließen. Monatlich oder jährlich zahlst du dann deine Beiträge in der errechneten Höhe.

Und als dritte Absicherung für das Alter solltest du Immobilien mit Grund und Boden erwerben. Mit der Selbstnutzung, mit Vermietung oder Verpachtung schaffst du dir weitere Sicherheiten.

Dein Home-Office - so arbeitest du

Deine Arbeit erfordert oft hohe Konzentration. Selbst im Unternehmen wirst du Softwareentwickler sehen, die sich mit Kopfhörern von der unmittelbaren Umgebung abschotten. Deshalb brauchst du - gerade zu Hause - ein Arbeitszimmer.

Versuche gleich von Anfang an, ein papierloses Büro zu realisieren. Scanne Dokumente lieber ein, statt sie abzuheften. Dafür gewinnst du langfristig Zeit und schenkst dir die Freiheit, überall auf der Welt arbeiten zu können. Hinzu kommt ein hohes Maß an Ordnung auf deinem Schreibtisch. Und Ordnung um dich herum ist wichtig, damit du gut arbeiten kannst.

Du musst nicht den neuesten und modernsten Computer haben, wenn du kein Spielefreak bist. Arbeite lieber gleich mit dem Laptop und einer Docking Station. Diese Technik schenkt dir Freiheit. Da du alles in deinem Laptop hast, was du brauchst, sichere mindestens einmal wöchentlich deine Festplatte.

Halte stets Druckertoner, Kopierpapier, eine zweite Maus und eine weitere Tastatur bereit. Für dein wichtigstes Handwerkszeug brauchst du immer eine Reserve. Verlasse dich auch nicht auf dein tolles WLAN zu Hause. Unterwegs oder bei Netzproblemen hilft dir ein Surfstick weiter.

Denke an deine Gesundheit und arbeite nachts nur im Notfall. Du kannst dich tagsüber viel besser konzentrieren, und der fehlende Schlaf macht sich bemerkbar. Nachtarbeit lohnt sich nicht und ist uneffektiv!

Fachbegriffe

.NET-Framework

Das .NET-Framework ist ein Teil der Microsoft Software-Plattform .NET. Das .NET-Framework besteht

- aus einer Laufzeitumgebung, in der Programme ausgeführt werden,
- einer Sammlung von Klassenbibliotheken, Dienstprogrammen und Programmierschnittstellen.

Das .NET-Framework übersetzt die kompilierten .NET-Programme in die Maschinensprache des Zielsystems. Dafür besitzt das .NET-Framework einen Just-In-Time-Compiler.

ABAP

Die Abkürzung ABAP steht für "Advanced Business Application Programming". ABAP ist eine Programmiersprache der Softwarefirma SAP. Seit 1990 basieren alle SAP-R/3-Module auf der Programmiersprache ABAP.

ABAP wurde für die Entwicklung kommerzieller Anwendungen im SAP-Umfeld entwickelt. Der Sprachumfang der Programmiersprache ABAP wird immer wieder erweitert.

AJAX

Die Abkürzung AJAX steht für "Asynchronous JavaScript and XML". AXAJ ist ein Konzept für die asynchrone Datenübertragung zwischen dem Browser und dem Server. Damit kann eine HTML-Seite programmtechnisch oder interaktiv verändert werden, ohne sie neu zu laden.

AMQP

Die Abkürzung AMQP steht für "Advanced Message Queuing Protocol", ist ein offener Standard und unabhängig von der Programmiersprache. Über dieses binäre Netzwerkprotokoll kommuniziert der Anwender mit einer Message-orientierten Middleware (MOM). AMQP ist mit der API JMS kompatibel und baut darauf auf.

Android

Android ist ein Betriebssystem und eine Software-Plattform für mobile Geräte. Android wird von der Open Handset Alliance auf der Basis des Linux-Kernel entwickelt. Die freie Software besitzt mittlerweile einen Marktanteil von etwa 80 Prozent.

AngularJS

AngularJS ist ein clientseitiges JavaScript-Framework für die Erstellung von Single-Page-Webanwendungen. Als Open-Source-Framework wird es von Google Inc. entwickelt. AngularJS folgt dem Entwurfsmuster Model-View-ViewModel.

Apache Ant

Apache Ant ist ein Open-Source-Programm zum automatischen Erzeugen von ausführbaren Programmen aus Quellcode. Ant ist eine Abkürzung und bedeutet "Another Neat Tool". Apache Ant ist in Java geschrieben und wird von der Apache Software Foundation entwickelt.

Apache Cassandra

Apache Cassandra ist ein NoSQL-Datenbanksystem. Die freie Software wurde in Java von der Apache Software Foundation entwickelt. Apache Cassandra kann für sehr große, strukturierte Datenbanken genutzt werden. Die Daten werden in Schlüssel-Wert-Relationen gespeichert.

Apache Cordova

Apache Cordova ist eine Entwicklungsumgebung von der Apache Software Foundation, mit der "Hybrid Apps" für mobile Geräte entwickeln werden können. Apache Cordova erstellt eine App, die einen WebView enthält. Gleichzeitig bindet die Software HTML, CSS und Javascript Dateien ein. Apache Cordova selbst enthält PlugIns, die den Zugriff auf betriebssystemspezifische Funktionen erlauben.

Apache CXF

Apache CXF ist ein Webservice-Framework, das eine Vielzahl von Standards im Web unterstützt, zum Beispiel SOAP, WSDL, API, JSON, CORBA. Apache CXF ist ein Open-Source-Framework und wird von der Apache Software Foundation entwickelt.

Apache Hadoop

Apache Hadoop ist ein Framework, das von der Apache Software Foundation in Java entwickelt wird. Das freie Framework ermöglicht das Arbeiten mit großen Datenmengen im Petabyte-Bereich.

Apache HTTP Server

Der Apache HTTP Server ist der am meisten benutzte Webserver im Internet. Als freie Software wird er von der Apache Software Foundation entwickelt. Der Apache HTTP Server unterstützt eine Reihe von Betriebssystemen. Der Apache HTTP Server ist modular aufgebaut und stellt mit der Bibliothek Apache Portable Runtime wichtige Systemaufrufe zur Verfügung.

Apache Maven

Apache Maven ist ein Build-Management-Tool von der Apache Software Foundation und wird in Java entwickelt. Mit Apache Maven kann man Java-Programme standardisiert erstellen und verwalten. Das Tool bildet den gesamten Zyklus der Softwareerstellung von der Anlage eines Softwareprojekts bis zum Verteilen der Software auf Anwendungsrechnern ab.

Apache Solr

Apache Solr ist Bestandteil der Programmbibliothek Apache Lucene und wird von der Apache Software Foundation entwickelt. Solr ist eine Abkürzung und bedeutet "Search on Lucene and Resin". Die beliebte Suchmaschine ist ein Servlet für entsprechende Container wie Apache Tomcat.

Apache Subversion

Apache Subversion (SVN) ist eine freie Software, die von CollabNet entwickelt wird. Apache Subversion dient der Versionsverwaltung von Dateien und Verzeichnissen in einem zentralen Projektarchiv.

API

API ist eine Abkürzung und Bedeutet "application programming interface". Die Schnittstelle zur Anwendungsprogrammierung stellt Schnittstellen-Funktionen mit ihren Parametern für die Anbindung weiterer Software an ein Softwaresystem zur Verfügung. Dabei kann es sich beispielsweise um eine Datenbank, eine Festplatte, eine grafische Benutzeroberfläche oder ein Betriebssystem handeln.

ArchiveLink

ArchiveLink ist Bestandteil des SAP Web Application Server. ArchiveLink verknüpft archivierte Dokumente mit den dazugehörigen Anwendungsbelegen. Voraussetzung dafür ist, dass sich die abgelegten Dokumente in einem Ablagesystem befinden und in elektronischer Form vorliegen.

Assembler

Eine Assemblersprache ist eine hardwarenahe Programmiersprache. Jeder Prozessor oder Mikrocontroller besitzt einen eigenen Befehlssatz, der auf dieses Gerät zugeschnitten ist. Die Assemblersprache besteht aus mnemonischen Symbolen in Textform, Operanden und symbolischen Adressen. Die einzelnen Befehle einer Assemblersprache werden mit einem Assembler direkt in Maschinenbefehle übersetzt.

AUTOSAR

AUTOSAR ist eine weltweite Entwicklungspartnerschaft und bedeutet "AUTomotive Open System ARchitecture". Viele Steuergeräte der Automobilindustrie besitzen nun diese offene und standardisierte Softwarearchitektur. Die Software-Architektur berücksichtigt unterschiedliche Fahrzeug- und Plattformvarianten, die Systemverfügbarkeit und die Anforderungen an die Systemsicherheit. AUTOSAR unterstützt die nachhaltige Nutzung natürlicher Ressourcen, die Wartungsfreundlichkeit innerhalb des gesamten Produktlebenszyklus, die Übertragbarkeit von Software sowie die Zusammenarbeit zwischen den zahlreichen Partnern.

AWS

AWS ist eine Abkürzung und bedeutet Amazon Web Services. AWS bildet eine Sammlung verschiedener Online-Dienste des Unternehmens Amazon.com, beispielsweise Netflix und Dropbox. Die Amazon Web Services zählen neben Microsoft Azure und Google Cloud Platform zu den wichtigsten Anbietern im Cloud Computing.

Backend

Der Begriff "Backend" bedeutet "näher am System". In der Softwareentwicklung beschäftigt sich der Backend Entwickler mehr mit der Kommunikation zwischen Middleware und Datenbank.

Bamboo

Bamboo ist die Bezeichnung für einen kommerziellen Server von Atlassian. Die webbasierte Anwendung wird in Java entwickelt. Bamboo unterstützt die Softwareentwicklung, die Integration von Software, das Deployment und das Releasemanagement.

Bash

Bash ist eine Abkürzung und bedeutet "Bourne-again shell". Bash ist eine freie Software und steht auf vielen UNIX- sowie unixähnlichen Betriebssystemen als die Standard-Shell zur Verfügung.

BPEL

BPEL ist eine Abkürzung und bedeutet "WS-Business Process Execution Language". BPEL gehört zu den WS-*-Spezifikationen als industrieller Standard von OASIS. BPEL basiert auf XML und beschreibt Geschäftsprozesse, die als einzelne Webservices implementiert sind. BPEL kann selbst ein Webservice sein.

C

Die Programmiersprache C ist seit 1970 weit verbreitet. Die Systemkernel vieler Betriebssysteme und eine Vielzahl von Programmen für Unix-Systeme sind in C programmiert. Weitere Programmiersprachen wie C++, C#, Java, PHP oder Perl orientieren sich an der Syntax von C.

C++

Die Programmiersprache C++ wurde als Erweiterung der Programmiersprache C entwickelt. Sie ist eine ISO genormte Programmiersprache. C++ ermöglicht sowohl die effiziente bzw. maschinennahe Programmierung als auch eine Softwareentwicklung auf hohem Niveau.

C#

Die Programmiersprache C# (C-Sharp) ist eine objektorientierte Programmiersprache. Sie wurde im Rahmen der Microsoft .NET-Strategie entwickelt, ist jedoch weitgehend plattformunabhängig. Beispielsweise bezeichnet Microsoft seine C#-Implementierung als Visual C#.

Chipkarte

Die Chipkarte wird auch als Smartcard oder Integrated Circuit Card bezeichnet. Die Chipkarte ist eine Kunststoffkarte mit einem eingebauten, integrierten Schaltkreis (Chip). Chipkarten werden mit Hilfe spezieller Kartenlesegeräte gelesen. Cer Chip besitzt eine Hardware-Logik, einen Speicher oder einen Mikroprozessor mit einer Software-API.

CI

CI ist eine Abkürzung und bedeutet "Corporate Identity". Das CI beschreibt alle Merkmale, die ein Unternehmen auszeichnen. Dem Konzept der CI liegt die Annahme zugrunde, dass Unternehmen ähnlich wie Personen wahrgenommen werden bzw. handeln können. Die Aufgabe der Unternehmenskommunikation ist es, dem Unternehmen zu einer eigenen Identität zu verhelfen. Die Identität eines Unternehmens bildet eine stabile Strategie des Handelns, Kommunizierens und visuellen Auftretens.

Clean Code

Als Clean Code ("sauber") bezeichnen Softwareentwickler vor allem Quellcode, der in kurzer Zeit richtig verstanden werden kann. Der Vorteil von Clean Code liegt in einer höheren Stabilität und Wartbarkeit von Programmen. Fehler können schneller behoben und Funktionen in kürzerer Zeit weiterentwickelt werden.

Cloud Computing

Das Cloud Computing beschreibt IT-Infrastrukturen, die über ein Netz zur Verfügung gestellt werden. Dabei kann es sich z. B. um Rechenkapazität, Natzkapazität, Datenspeicher oder Software handeln.

Computersimulation

Eine Computersimulation führt eine Simulation mit Hilfe eines Computerprogramms durch. Die Simulationssoftware beschreibt das Simulationsmodell.

Confluence

Confluence ist eine kommerzielle Wiki-Software von Atlassian. Confluence wird vor allem für die Kommunikation und den Wissensaustausch in Unternehmen, privaten und öffentlichen Organisationen eingesetzt.

Cross-Compiler

Der Cross-Compiler ist ein Compiler, der auf einer bestimmten Host-Plattform installiert ist, jedoch Objektdateien oder ausführbare Programme für andere Systeme erzeugt. Die jeweilige Host-Plattform kann ein Betriebssystem oder ein Prozessor sein. Ein Target-Compiler erzeugt dagegen für ein eingebettetes System, das selbst nicht für die Entwicklung geeignet ist, ausführbaren Code.

CSS

CSS ist eine Abkürzung und bedeutet "Cascading Style Sheets". CSS wurde entwickelt, um Regeln für die grafische Darstellung weitgehend von den Dokumentinhalten zu trennen. Zusammen mit HTML und dem DOM-Modell bildet CSS den Standard des World Wide Web dar und wird vom World Wide Web Consortium (W3C) ständig weiterentwickelt.

CSS-Präprozessor

Ein CSS-Präprozessor soll das Erstellen von Cascading Stylesheets erleichtern. Er stellt Funktionen und Variablen zur Verfügung, mit denen aus einer Quelldatei die CSS-Datei generiert werden kann. Die bekanntesten CSS-Präprozessoren sind LESS und SASS.

CVS

CVS ist eine Abkürzung und bedeutet "Concurrent Versions System". Eine CVS-Software wird zur Versionsverwaltung von Dateien, vor allem Software-Quelltext, verwendet. Ein CVS-System wurde besonders von Open-Source-Entwicklern eingesetzt und nicht mehr gepflegt. Subversion und Git sind die Nachfolger der CVS-Systeme.

DB2

DB2 ist eine Abkürzung und bedeutet "DataBase 2". DB2 wurde von IBM entwickelt und ist ein kommerzielles relationales Datenbankmanagementsystem.

Docker

Docker ist eine Open-Source-Software, die von Docker, Inc. entwickelt wird. Docker isoliert Anwendungen in einem Container. Das dafür notwendige Betriebssystem wird virtualisiert. Damit können Anwendungen leicht als Dateien transportiert und installiert werden.

Dojo Toolkit

Das Dojo Toolkit ist eine freie JavaScript-Bibliothek, die von der Dojo Foundation entwickelt wird. Das Dojo-Toolkit besteht aus drei Komponenten: Dojo, Dijit und Dojox. Dojo stellt grundlegende Werkzeuge zur Verfügung. Dijit enthält vorgefertigte Komponenten. Dojox bietet weiterreichende Komponenten. Softwareentwickler nutzen das Dojo Toolkit für die rasche Entwicklung von JavaScript- und AJAX-Anwendungen bzw. Webseiten.

Eclipse

Eclipse ist eine Open-Source-Software, die von der Eclipse Foundation entwickelt wird. Softwareentwickler entwickeln mit diesem Programmierwerkzeug Software verschiedenster Art. Dafür gibt es eine Vielzahl von Open-Source- und kommerzieller Erweiterungen. Die Software Eclipse ist in Java programmiert.

eCommerce

eCommerce ist ein gängiger Begriff für den elektronischen Handel. Darunter sind Ein- und Verkaufsvorgänge über das Internet bzw. ein Netzwerk zu verstehen. Alle geschäftlichen Transaktionen werden elektronisch abgewickelt.

ElasticSearch

ElasticSearch ist eine Suchmaschine auf der Basis von Lucene, die von Elastic in Java entwickelt wird. ElasticSearch speichert die Suchergebnisse im NoSQL-Format. Angezeigt werden sie über ein RESTful-Webinterface.

Embedded Software Engineering

Das Software System steuert, regelt und überwacht das eingebettete System. Das eingebettete System ist ein Computersystem, das sich innerhalb eines technischen Systems befindet und mit diesem Informationen austauscht. Das Embedded Software Engineering entwickelt Software, betreibt Programme, organisiert und modelliert die zugrundeliegende Datenbasis.

Emulator

Ein Emulator ist ein System, das ein anderes zum Teil nachbildet. Bezogen auf bestimmte Aspekte, erzielt ein Emulator die gleichen Ergebnisse wie das nachgebildete System. Software-Emulatoren sind Programme, die einen Computer nachbilden. Damit wird es möglich, Software für diesen Computer auf einem anderen Computer zu verwenden. Softwareentwickler verwenden einen Emulator als geeignete Testumgebung für ein anderes Gerät.

Framework

Ein Framework allgemein bezeichnet eine Rahmenstruktur. Softwareentwickler verwenden ein Framework als Programmgerüst, in dem bereits eine Reihe von Funktionen enthalten sind.

Frontend

Der Begriff "Frontend" bedeutet "näher am Benutzer". In der Softwareentwicklung beschäftigt sich der Frontend Entwickler mehr mit der Kommunikation zwischen dem Nutzer und der Middleware. Er ist es, der die grafischen Benutzeroberflächen, die unterschiedlichen Formulare bzw. das Design der Webseite insgesamt umsetzt und die Nutzereingaben verarbeitet.

Fullstack

Mit "Full-Stack" ist ein kompletter Stapel an Fähigkeiten gemeint. So bietet ein Fullstack-Softwareentwickler eine Vielzahl an Kompetenzen. Er ist also fast ein Allround-Talent.

Git

Git ist eine freie Software für die verteilte Versionsverwaltung von Dateien.

Graphite

Graphite ist eine freie Software für die Verarbeitung eines unicode-kompatiblen Font-Formats. Graphite kann Zeichen von Minderheitensprachen darstellen, die noch nicht in Unicode genormt sind.

Grunt

Grund ist ein Kommandozeilenwerkzeug, der auf JavaScript basiert. Die Software benötigt Node.js und enthält Vorlagen für neue Projekte.

HTML

HTML ist eine Abkürzung und bedeutet "Hypertest Markup Language". Diese von World Wide Web Consortium (W3C) und der Web Hypertext Application Technology Working Group (WHATWG) standardisierte, textbasierte Auszeichnungssprache strukturiert digitale Dokumente in Text, Hyperlinks, Bilder und andere Inhalte. Diese Inhalte werden beispielsweise von einem Webbrowser angezeigt. Darüber hinaus können HTML-Dateien Metainformationen, Gestaltungsvorlagen und Scripts enthalten.

IBM Websphere Application Server

Der WebSphere Application Server ist eine Laufzeitumgebung für JEE-Anwendungen (Java Enterprise Edition). Die Anwendungskomponenten werden in einer definierten Verzeichnisstruktur als EAR-Datei (Enterprise Application Archive) bzw. WAR-Datei (Web Application Archive) ineinander verpackt. Die EAR-Datei kann im IBM Websphere Application Server "entfaltet" werden.

IDE

IDE ist eine Abkürzung und bedeutet "integrated design environment" bzw. "integrated debugging environment" (integrierte Entwicklungsumgebung). Der Softwareentwickler erstellt mit einer IDE beliebige Anwendungsprogramme. Eine IDE verfügt mindestens über die Komponenten Texteditor, Compiler bzw. Interpreter, Linker, Debugger.

Apple iOS

Das mobile Betriebssystem für das iPhone, das iPad und den iPod wird von Apple entwickelt. Das Apple iOS basiert auf einem OS-X-Kern oder einem Darwin-Betriebssystem.

IT-Sicherheit

Das IT-Sicherheitsmanagement orientiert sich an der internationalen ISO/IEC 27000-Reihe. Die Zertifizierung und Evaluierung von IT-Produkten und -systemen richtet sich nach der Norm ISO/IEC 15408. Die IT-Sicherheit kümmert sich weiterhin um die Sicherheit von Daten und Programmen hinsichtlich Vertraulichkeit, Verfügbarkeit und Integrität.

J2EE

J2EE ist eine Abkürzung und bedeutet "Java Platform Enterprise Edition". Die Middleware-Software J2EE führt in Java programmierte Anwendungen transaktionsbasiert aus. Die innerhalb des Java Community Process entwickelte J2EE-Spezifikation stellt einen Rahmen zur Verfügung, auf dessen Basis verteilte, gut skalierbare, mehrschichtige Anwendungen entwickelt werden können. Die Schnittstellen zwischen den Komponenten und Containern sind klar definiert.

Jasmine

Jasmine ist eine freie Modultest-Bibliothek, die von den Pivotal Labs entwickelt wird. Die Software ist auf jeder JavaScript-fähigen Plattform ausführbar und testet JavaScript-Anwendungen.

Java

Java ist eine objektorientierte Programmiersprache, die von Sun Microsystems entwickelt wird. Die Java-Entwicklungsumgebung besteht aus dem Java-Entwicklungswerkzeug JDK und der Java-Laufzeitumgebung JRE. Die JRE besteht aus der virtuellen Maschine (JVM) und den mitgelieferten Bibliotheken. Die Java-Laufzeitumgebung führt Bytecode aus, der prinzipiell auch aus jeder anderen Programmiersprache kompiliert werden kann.

JavaScript

JavaScript ist eine Skriptsprache, die auf ECMAScript (ECMA 262) beruht. JavaScript wurde ursprünglich für die Dynamisierung von HTML im Webbrowser entwickelt. Heute erstellt der Softwareentwickler mit JavaScript auch Anwendungen für Server und Microcontroller. Die Scriptsprache JavaScript erfüllt alle Anforderungen einer objektorientierten Programmiersprache.

JDK

JDK ist eine Abkürzung und bedeutet "Java Development Kit". Das JDK wird von der Oracle Corporation entwickelt. Eine freie Version des JDK heißt OpenJDK.

Jenkins

Jenkins ist eine webbasierte Software für die kontinuierliche Integration von Komponenten zu einem Anwendungsprogramm. Jenkins läuft in beliebigen Java Servlet-Containern und wird zusammen mit der Servlet-Middleware Winstone ausgeliefert. Jenkins kann von anderen Programmen über eine REST-Schnittstelle angesprochen werden.

Jira

Jira ist eine webbasierte Anwendung für das operative Projekt- oder Aufgabenmanagement und wird von Atlassian entwickelt. In der Softwareentwicklung unterstützt Jira das Anforderungsmanagement, die Statusverfolgung und den Fehlerbehebungsprozess.

JPA

JPA ist eine Abkürzung und bedeutet "Java Persistence API". Die JPA ist eine Schnittstelle für Java-Anwendungen speziell für die Zuordnung und die Übertragung von Objekten in relationale Datenbanken. Laufzeit-Objekte einer Java-Anwendung können damit über die aktuelle Sitzung hinaus gespeichert werden.

jQuery

jQuery ist eine freie JavaScript-Bibliothek, die Funktionen für den DOM-Webstandard zur Verfügung stellt. Sehr viele Webseiten verwenden bereits jQuery. Auch in zahlreichen Content-Management-Systemen und Frameworks wird jQuery bereits mitgeliefert.

JSON

JSON ist eine Abkürzung und bedeutet "JavaScript Object Notation". JSON ist ein Format für den Datenaustausch zwischen Anwendungen. Ein JSON-Dokument ist wie ein JavaScript-Dokument geschrieben. Es soll mit eval() interpretiert werden können. JSON ist unabhängig von einer Programmiersprache.

JSP

JSP ist eine Abkürzung und bedeutet "JavaServer Pages". JSP basiert auf der Programmiersprache JHTML und erzeugt dynamisch HTML- und XML-Ausgaben eines Webservers. Mit JSP können Java-Code und JSP-Aktionen in HTML- und XML-Seiten integriert werden. Die JSP-Aktionen werden als vordefinierte Funktionen in Tag-Bibliotheken definiert. JSP wird mit einem JSP-Compiler in Java-Quellcode umgewandelt. Dieser Quellcode entspricht einem Java-Servlet und wird durch einen Java-Compiler in Bytecode übersetzt. Dieser erzeugt Java-Klassen, die von einem Webserver ausgeführt werden. Nachfolger der deprecated JSP sind JavaServer Faces (JSF) und die Facelets-Technik.

JUnit

JUnit ist ein Framework für automatisierte Unit-Tests von Java-Programmen.

Kanban

Kanban ist ein Vorgehensmodell für die Softwareentwicklung. Durch das Reduzieren paralleler Arbeiten sollen schnellere Durchlaufzeiten erreicht und Probleme besser sichtbar gemacht werden.

LAMP

LAMP ist eine Abkürzung und bedeutet "Linux - Apache - MySQL - PHP". LAMP beschreibt ein Softwarepaket für die Darstellung dynamischer Webseiten. In der Praxis hat sich dieses Konzept sowohl für den lokalen Test als auch im Server-Hosting vielfach bewährt.

Linux

Linux steht für freie Betriebssysteme, die auf dem Linux-Kernel basieren. Linux wird sowohl frei als auch kommerziell verbreitet. Linux ist modular aufgebaut und wird von Softwareentwicklern aus der ganzen Welt weiterentwickelt.

Macro

Ein Makro ist in der Softwareentwicklung eine zusammengefasste Folge von Anweisungen und Deklarationen, für deren Ablauf nur ein einfacher Aufruf genügt. Makros sind eine Möglichkeit, Unterprogramme zu definieren. Sie werden z. B. in der Textverarbeitung, in der Tabellenkalkulation und in Datenbanken eingesetzt.

MATLAB

MATLAB ist eine Abkürzung und bedeutet "MATrix LABoratory". MATLAB löst mathematische Problemme und stellt die Ergebnisse grafisch dar. Die kommerzielle Software wird von der The MathWorks, Inc., entwickelt.

MediaWiki

Mediawiki ist eine freie Wiki-Software. Mit Mediawiki kann jeder Benutzer Inhalte über den Browser anlegen, löschen und ändern. Mediawiki wurde für die freie Enzyklopädie Wikipedia entwickelt und ist in PHP geschrieben. Die Inhalbe werden vorzugsweise in dem relationalen Datenbankverwaltungssystem MySQL bzw. in MariaDB gespeichert.

Microcontroller

Microcontroller sind Halbleiterchips, die einen Prozessor, einen Arbeits- und Programmspeicher sowie periphere Funktionen besitzen. Ein Microcontroller ist ein Ein-Chip-Computersystem und teilweise programmierbar.

Microservices

Microservices sind Bestandteile einer komplexen Anwendungssoftware. Sie bestehen aus kleinen, unabhängigen Prozessen, die sprachunabhängig miteinander kommunizieren.

Microsoft Azure

Microsoft Azure ist ein Online-Dienst der Microsoft Plattform Windows Azure. Die Microsoft Cloud-Computing-Plattform mit dem Betriebssystem Windows Azure richtet sich in erster Linie an Softwareentwickler.

Microsoft IIS

IIS ist eine Abkürzung und bedeutet "Internet Information Services". Mit den Microsoft IIS können Dokumente und Dateien im Netzwerk veröffentlicht werden. Kommunikationsprotokolle wie HTTP, HTTPS, FTP, SMTP, POP3 und WebDAV kommen dabei zum Einsatz. Ausgeführt werden ASP- oder .NET-Applikationen sowie PHP und JSP.

Microsoft Visual Studio

Das Microsoft Visual Studio ist eine integrierte Entwicklungsumgebung für Programmier- und Skriptsprachen wie .NET, C, C++, CLI, C#, Visual Basic, TypeScript, Python, HTML, Javascript und CSS. Softwareentwickler erstellen mit dem Microsoft Visual Studio Windows-Programme, Anwendungen für das .NET-Framework, Windows- und mobile Apps, dynamische Webseiten, Webservices sowie Azure-Services.

Mobile App

App ist eine Abkürzung und bedeutet "Applikation". Die Mobile App bezeichnet Anwendungssoftware für mobile Geräte bzw. mobile Betriebssysteme.

Mockito

Mockito ist eine freie Programmbibliothek zum Testen von Java-Programmen. Mockito erstellt aus Objektklassen Mock-Objekte für Unit-Tests.

MooTools

MooTools ist eine Abkürzung und bedeutet "My Object Oriented Tools". MooTools ist ein freies Framework für die Entwicklung von erweiterbarem und browserübergreifendem Code in Javascript. MooTools ist objektorientiert und kompakt aufgebaut.

MongoDB

MongoDB ist eine dokumentenorientierte NoSQL-Datenbank. Mit MongoDB können Dateien und Daten in komplexen Hierarchien geeordnet und trotzdem indizierbar abgefragt werden. Die Open-Source-Datenbank MongoDB ist in C++ geschrieben und wird von der MongoDB, Inc., entwickelt.

MVC

MVC ist eine Abkürzung und bedeutet "model View controler". MVC ist ein Entwicklungs- oder Architekturmuster für die Strukturierung von Software in Datenmodell, Präsentation und Programmsteuerung. MVC gilt als ein Standard für den Grobentwurf vieler komplexer Software-Systeme.

MySQL

MySQL ist ein relationales Datenbankverwaltungssystem. Die Open-Source-Software bildet die Basis für viele dynamische Webseiten.

Nagios

Nagios ist eine freie Software für das Monitoring komplexer IT-Infrastrukturen. Dafür bietet Nagios Module zur Überwachung von Hosts, Netzwerken und speziellen Diensten an. Darüber hinaus verfügt sie über eine Web-Schnittstelle.

nginx

nginx ist eine Software, die als Webserver, Reverse Proxy oder E-Mail-Proxy eingesetzt werden kann.

NoSQL

NoSQL ist eine Abkürzung und bedeutet "Not only SQL". NoSQL bezeichnet ein Datenbankkonzept, das einen nicht-relationalen Ansatz verfolgt. Eine NoSQL-Datenbank benötigt keine Schemas. Sie skalieren horizontal. Bekannte NoSQL-Datenbanken sind Apache Cassandra, CouchDB und MongoDB.

Objektorientierung

Objektorientierung (OO) beschreibt ein Modell komplexer Systeme, das sich durch die Kommunikation zwischen einzelnen Objekten definiert. Dabei sind einem Objekt Attribute und Methoden zugeordnet. Es ist in der Lage, Nachrichten zu senden bzw. zu empfangen. Ähnliche Objekte werden in einer Klasse zusammengefaßt.

Objective-C

Objective-C basiert auf der Programmiersprache C und stellt zusätzlich Befehle für die objektorienterte Programmierung zur Verfügung. Die Programmiersprache C ist kompatibel zur Programmiersprache Objective-C.

OOAD

OOAD ist eine Abkürzung und bedeutet "Objektorientierte Analyse und Design". OOAD beschreibt objektorientierte Techniken für die Analyse und das Design eines Software-Entwicklungsprozesses. Als Standard für objektorientierte Modelle findet die Unified Modelling Language (UML) Verwendung. Ein Vorgehensmodell für objektorientierte Techniken und UML ist der Rational Unified Process (RUP).

Oracle ADF

Oracle ADF ist eine Abkürzung und bedeutet "Oracle Application Development Framework". Oracle ADF ist ein kommerzielles Java-EE-Framework, das von Oracle entwickelt wird. Oracle ADF arbeitet auf der Basis des Model-View-Controller-Prinzips. Softwareentwickler erstellen mit Oracle ADF auf einfache, visuelle und effiziente Art Java-Enterprise-Anwendungen. Oracle ADF unterstützt Rapid Application Development.

Oracle Forms

Oracle Forms ist ein Entwicklungswerkzeug, das von Oracle entwickelt wird. Oracle Forms erlaubt die einfache Programmierung von datenbankgestützten, interaktiven Eingabemasken. Dafür verwendet Oracle Forms die Programmiersprache PL/SQL bzw. Java.

Oracle JDeveloper

Der Oracle JDeveloper ist eine freie, integrierte Entwicklungsumgebung (IDE), die von Oracle entwickelt wird. Der Oracle JDeveloper deckt den gesamten Entwicklungsprozess ab: Entwurf, Kodierung, Debugging, Optimierung, Profiling, Deployment. Der Oracle JDeveloper arbeitet mit den Programmiersprachen Java, SQL, PL/SQL, BPEL, PHP, XML, HTML und JavaScript zusammen.

Perl

Perl ist eine freie, plattformunabhängige Programmiersprache. Die Basis dieser interpretierten Skriptsprache bilden die Programmiersprache C, awk und Unix-Befehle. Von einem Werkzeug zur Verarbeitung und Manipulation von Textdateien für die System- und Netzwerkadministration entwickelte sich Perl auch zu einer Programmiersprache für Webanwendungen, in der Finanzwelt und in der Bioinformatik.

PHP

PHP ist eine Abkürzung und bedeutet "PHP: Hypertext Preprocessor" bzw. "Personal Home Page Tool". Perl ist eine freie Skriptsprache für die Erstellung dynamischer Webseiten oder Webanwendungen. Die Syntax von PHP ist an C und Perl angelehnt.

PL/1

PL/1 ist eine Abkürzung und bedeutet "Programming Language One". PL/1 ist eine der ersten Programmiersprachen, die von IBM entwickelt wurde.

PL/SQL

PL/SQL ist eine Abkürzung und bedeutet "Procedural Language/Structured Query Language". PL/SQL wird von Oracle entwickelt. PL/SQL verbindet eine prozedurale Programmiersprache mit der Abfragesprache SQL. Ein Softwareentwickler benutzt PL/SQL für die Arbeit mit Oracle-Datenbanken.

PostgreSQL

PostgreSQL ist ein Open-Source-Datenbankmanagementsystem, objektrelational aufgebaut. Neben dem SQL-Standard gibt es eine Reihe von spezifischen Funktionen sowie umfangreiche Erweiterungen von Drittherstellern.

Prototyping

Prototyping ist eine Methode der Softwareentwicklung. Ein Prototyp führt schnell zu ersten Ergebnissen. Probleme und Änderungswünsche lassen sich damit in einem frühen Entwicklungsstadium erkennen und mit wenig Aufwand beheben.

Puppet

Puppet ist ein Open-Source-Werkzeug für das automatische Konfigurieren mehrerer Computer im Netzwerk. Puppet wird von den Puppet Labs entwickelt.

Python

Python ist eine interpretierte höhere Programmier- und Skriptsprache. Sie wird von der gemeinnützigen Python Software Foundation entwickelt.

Red Hat Linux

Red Hat Linux war bis 2003 eine der bekanntesten Linux-Distributionen. Sie wurde von der Red Hat AG entwickelt.

Responsive Webdesign

Das Responsive Webdesign (RWD) erarbeitet Websites, die auf das jeweils benutzte Endgerät reagieren. Der grafische Aufbau einer Website richtet sich nach den Anforderungen des jeweiligen Gerätes, z. B. Navigation, Spaltenanordnung, Texte.

REST

REST ist eine Abkürzung und bedeutet "Respresentational State Transfer". REST ist ein Mittel der Softwarearchitektur, um eine einheitliche Schnittstelle im World Wide Web zu schaffen. Eine REST-konforme Schnittstelle kodiert keine Methodeninformation in den URI.

Ruby

Ruby ist eine objektorientierte höhere Programmiersprache. Ruby wird zur Laufzeit interpretiert. Seit 2012 ist Ruby als internationale Norm ISO/IEC 30170 standardisiert.

SaaS

SaaS ist eine Abkürzung und bedeutet "Software as a Service". Als Teilbereich des Cloud Computing basiert das SaaS-Modell auf einem IT-Dienstleister und einem Servicenehmer. Der IT-Dienstleister betreibt die IT-Infrastruktur und die Software. Der Servicenehmer greift über seinen Computer und das Internet auf den Service zu und zahlt dafür eine nutzungsabhängige Gebühr.

SAP Interactive Forms by Adobe

SAP Interactive Forms by Adobe ist ab SAP Netweaver 04 im Lieferumfang des SAP Web Application Server enthalten. Damit lassen sich interaktive Formulare und Druckformulare im PDF Format erstellen. Interaktiv wird mit SAP Interactive Forms by Adobe eine Formularvorlage mit aktuellen Systemdaten zusammengeführt.

Scrum

Scrum ist ein Vorgehensmodell der agilen Softwareentwicklung. Scrum geht davon aus, dass viele Entwicklungsprojekte zu komplex sind, um alle Anforderungen von vornherein exakt zu definieren. Anhand von Zwischenergebnissen werden die nächsten fehlenden Anforderungen abgeleitet. Iterativ und inkrementell arbeitet der Softwareentwickler am nächsten Planungsschritt sowie am nächsten Zyklus der Anwendungsentwicklung. Fortschritte und Hindernisse während des Erstellungsprozesses werden für alle Beteiligten genau dokumentiert. Jeder Zyklus beinhaltet einen zeitlichen Rahmen von zwei bis vier Wochen. In jedem Scrum-Team arbeiten drei bis neun Entwickler.

Selenium

Selenium ist ein Open-Source-Testwerkzeug für automatisierte Tests von Webanwendungen, die von Thoughtworks entwickelt wird. Selenium basiert auf HTML und Javascript. Die Selenium-IDE steht auch als Firefox-Addon zur Verfügung.

SEM

SEM ist eine Abkürzung und bedeutet "Search Engine Marketing". SEM ist ein Teilgebiet des Online-Marketing. SEM umfasst alle Werbe-Maßnahmen für die Gewinnung von Besuchern für eine Website über Suchmaschinen im Internet. SEM wird unterteilt in Search Engine Optimization (SEO) und in Search Engine Advertising (SEA).

SEO

SEO ist eine Abkürzung und bedeutet "Search Engine Optimization". SEO ist ein Teilgebiet des Suchmaschinenmarketings. SEO beschreibt Maßnahmen, damit Websites in den unbezahlten Suchergebnissen auf besseren Plätzen erscheinen.

SOAP

SOAP ist eine Abkürzung und bedeutet "Simple Object Access Protocol". SOAP ist ein Standard des Word Wide Web Consortiums (W3C). SOAP ist ein Netzwerkprotokoll für den Datenaustausch zwischen Systemen sowie Remote Procedure Calls. SOAp stützt sich auf einfache Datenbeschreibungssprachen wie XML oder CSV für die Repräsentation der Daten. SOAP verwendet Internet-Protokolle der Transport- und Anwendungsschicht, beispielsweise HTTP und TCP.

Social Media

Social Media sind digitale Medien und Technologien des Web 2.0. Mit deren Hilfe tauschen Nutzer untereinander Nachrichten aus. Sie erstellen, bearbeiten und verteilen mediale Inhalte wie Text, Bild, Audio oder Video.

Softwarearchitektur

Eine Softwarearchitektur beschreibt die Anordnung der Komponenten und deren Beziehungen innerhalb eines Softwaresystems. Jede Architekturkomponente stellt ein Softwareelement dar. Die Softwarearchitektur ist ein Teil des Softwareentwurfs.

Software Engineering

Das Software Engineering beschäftigt sich mit der Organisation und Modellierung von Daten, der Entwicklung von Software und dem Betrieb von Softwaresystemen.

Spring

Spring ist ein Open-Source-Framework für das Entwickeln von Anwendungen und deren Geschäftslogiken mit Java/Java EE.

SQL

SQL ist eine Abkürzung und bedeutet "Structured Query Language". SQL ist eine Datenbanksprache für die Bearbeitung und das Abfragen von Daten in relationalen Datenbanken.

SVN

SVN ist eine Abkürzung und bedeutet "Apache Subversion". SVN ist eine freie Software, die von CollabNet entwickelt wird. Apache Subversion dient der Versionsverwaltung von Dateien und Verzeichnissen in einem zentralen Projektarchiv.

Swift

Swift ist eine objektorientierte Programmiersprache für die Plattformen iOS und OS X, die von Apple entwickelt wird.

Tcl

Tcl ist eine Abkürzung und bedeutet "Tool command language". Tcl ist eine Open-Source-Skriptsprache. Das 1. Leitmotiv von Tcl lautet: "radically simple" und bezieht sich auf die Syntax der Sprache. Das 2. Leitmotiv von Tcl lautet: "everything is a string" und bezieht sich auf den Umgang mit Befehlen und Daten in Tcl. Die Kombination aus Tcl und dem Tk-Toolkit wird als Tcl/Tk bezeichnet und ist weit verbreitet.

UML

UML ist eine Abkürzung und bedeutet "Unified Modelling Language". UML ist eine grafische Modellierungssprache und wird von der Object Management Group (OMG) entwickelt. UML ist von der ISO als ISO/IEC 19505 standardisiert.

Unit-Test

Ein Unit-Test testet in der Softwareentwicklung die Module von Computerprogrammen. Deshalb wird der Unit-Test auch oft Modultest genannt.

UNIX

UNIX ist eines der ersten Betriebssysteme für Computer. Es wurde 1969 von den Bell Laboratories (heute AT&T) entwickelt. Heute existieren eine Vielzahl von Varianten und Weiterentwicklungen - oft unter einem eigenen Namen.

Varnish

Varnish ist ein Webbeschleuniger für inhaltsreiche Webseiten. Beispielsweise wird Varnish von Wikipedia, Twitter, Facebook und eBay eingesetzt.

XML

XML ist eine Abkürzung und bedeutet "Extensible Markup Language". XML ist eine Auszeichnungssprache für die Darstellung hierarchisch strukturierter Daten. XML-Dateien sind reine Textdateien un werden im Internet für den unabhängigen Austausch von Daten zwischen Computer- oder Softwaresystemen eingesetzt.

XSD

XSD ist eine Abkürzung und bedeutet "XML Schema Definition". XSD definiert Strukturen für XML-Dokumente. XSD beschreibt Datentypen, einzelne Dokumente und Gruppen von Datentypen bzw. Dokumenten.

Zend Framework

Zend ist ein objektorientiertes Framework für PHP und wird von den Zend Technologies entwickelt.

Agenturen

GULP Information Services GmbH, Landsberger Straße 187, 80687 München, Deutschland, Telefon +49 89 500316-0, Telefax +49 89 500316-999, E-Mail: info@gulp.de, Internet: http://www.gulp.de/

www.ingramcontent.com/pod-product-compliance
Lightning Source LLC
Chambersburg PA
CBHW070334190526
45169CB00005B/1887